I0462987

Introducción a las Redes de Datos

SUCRE RAMÍREZ

Copyright © 2014 Sucre Ramírez

Todos los Derechos Reservados.

ISBN: 1466288051
ISBN-13: 978-1466288058

PRÓLOGO

Este libro le permitirá tener un concepto general
sobre las redes de datos, nociones básicas de las
telecomunicaciones. Podrá resolver problemas con el
protocolo más usado en el mundo IP Versión 4 Así
como también tener un punto de vista sobre casos
de negocio e implementar redes basadas en cableado
estructurado, además le puede ayudar en las
certificaciones de la industria. Se Introduce las redes
de datos desde un punto de vista fundamental en
donde se evalúan los capítulos en lo más básico y
hasta un nivel considerable que le permita al lector
incursionar en el área, con una buena base y un
punto de vista práctico que le de confianza para
trabajar en el mercado.

CONTENIDO

AGRADECIMIENTOS

Gracias Dios mío que has permitido mi crecimiento, me acompañas con tu Santo Espíritu y en Cristo Jesús todo lo puedo porque me fortaleces, Jose Maria quien fue el inspirador de este proyecto, Luis Peralta por su aporte, Maria Isabel por la portada, a la memoria de mi Madre Eudenia Roca, mi papa Sucre Ramírez y a mi querida esposa Ramona Bernard.

1. DESCRIPCIÓN GENERAL DE LAS TELECOMUNICACIONES DE DATOS

Las telecomunicaciones de datos y de voz han tenido gran utilidad en los últimos tiempos. El análisis de la voz se mide con Earlans (Unidad que mide el volumen de tráfico de voz) sin embargo para el estudio de la data no existe una unidad científica que mida el volumen del tráfico de datos, podremos encontrar soluciones subjetivas al respecto que en gran medida dependerán de la experiencia de quien las plantee. Analizaremos algunos aspectos en ese sentido, trataremos el teorema del muestreo de la voz con el objetivo de definir el ancho de banda. Usando ejemplos de vida creamos comparaciones para facilitar el entendimiento. Haciendo los ejercicios sugeridos podremos ser capaces de analizar una dirección de Interne (IP) y en menos de un minuto obtener una respuesta satisfactoria sobre uno de los protocolos más usados a nivel mundial. También podrá aprender a diseñar y mercadear sistemas de redes. Estudiaremos herramientas que nos permitirán el análisis y la solución de problemas en las redes de datos.

Clasificación de las telecomunicaciones de datos:

A. Redes
B. Arquitecturas = Protocolos = Topologías Lógicas
C. Topologías (Topologías Física)

A) Redes. Para que haya comunicación es necesaria la existencia de un transmisor, un receptor y un medio. Por ejemplo: En una conversación típica personalizada analógicamente el transmisor sería la laringe y el receptor el oído. El medio sería el aire, el espacio que los separa.

Gráfica 1. Conversación Típica

Si las personas tienen discapacidades, por ejemplo: sordos o mudos: El medio seria el aire el transmisor el cuerpo y el receptor los ojos. En ambos casos puede haber capacidades de transmitir y recibir el mensaje y no necesariamente esto signifique entendimiento, es decir para que exista una comunicación efectiva en uno y otro debe haber un lenguaje común.

Gráfico 2. Comunicación

Para el caso de los equipos que es nuestro interés sería lo mismo; las redes están formadas también por esos tres elementos. Y para que exista una comunicación efectiva aquí es necesario el protocolo que son normas similares al lenguaje que usan los humanos para comunicarse. Las redes son medios de comunicación a través de los cuales se intercambian grandes volúmenes de datos. Las razones más usuales para decidir la instalación de una red son:

- Compartir programas, archivos e impresora.

- Posibilidad de utilizar software de red.

- Creación de grupos de trabajo.

- Gestión centralizada.

- Acceso a otros sistemas operativos.

- Compartir recursos.

Analizando brevemente la historia en el avance de los sistemas de cómputos centralizados y distribuidos denotan en la actualidad una necesidad inminente de las redes de datos. En 1960 predominaban los sistemas centralizados (Main Frame). En 1970 las Mini computadoras. Sistemas centralizados y satélites. En 1980 penetran las PCs. Sistemas Personales. En 1990 los sistemas distribuidos (Depende mucho de las redes de datos).

MetaFrame Combina Sistema Distribuido con Centralizado (software servidor de aplicaciones). Transforma la forma en que una organización utiliza, gestiona y accede a las aplicaciones proporcionando mejor capacidad de gestión, acceso y seguridad. Pudiendo acceder desde las plataformas más utilizadas del mercado (Windows, DOS, UNIX, Mac OS, Java, OS/2 Warp..

Tipos de Redes:

- LAN Local Area Network (Red de Area Local) (Poca latencia)

- WAN Wide Area Network (Red de Area Amplia) (Mucha latencia)

- MAN Metropolitan Area Network (Red de Area Metropolitana)

- CAMPUS NETWORK (Red de Area de Campo)

- Privadas, Publicas, Internet, Intranet y Extranet.

LAN, Red de Área Local (Local Area Network). Este es un sistema de comunicación entre computadoras donde la distancia entre los equipos debe ser relativamente pequeña (Por ejemplo entre 100 y 400 Metros, tomando en cuenta que el cableado estructurado máximo de 100 metros en si conectamos 3 concentradores). Se usan ampliamente para conectar computadoras personales y estaciones de trabajo en oficinas de compañías y fábricas con objeto de compartir los recursos (impresoras, etc.) e intercambiar información. Las LAN se distinguen de otro tipo de redes por la poca latencia.

WAN, Red de área ancha (Wide Area Network). Redes con varios ordenadores en un área extendida o de gran alcance. Una WAN se extiende sobre un área geográfica amplia, a veces un país o un continente. En muchas redes de área amplia, hay dos componentes distintos: las líneas de transmisión y los elementos de conmutación. Las líneas de transmisión (también llamadas circuitos o canales) mueven los bits de una máquina a otra. Los elementos de conmutación son computadoras especializadas que conectan dos o más líneas de transmisión. Cuando los datos llegan por una línea de entrada, el elemento de conmutación debe escoger una línea de salida para enviarlos generalmente estos equipos son los llamados rauters. La latencia en estos sistemas es lo que dificulta su diseño debido a que los retardos que esta causa pueden variar de unos cuantos milisegundos a unas decenas de segundos. Es un término con una definición ampliada que denota retardo, atenuación, lentitud causada por equipos, mucho software, diferencia por el nivel, etc.

Red de Área Metropolitana, MAN (Metropolitan Area Network). Es un punto intermedio entre una red LAN y una red MAN. Aún de poco uso. Una MAN es básicamente una versión más grande de una LAN y normalmente se basa en una tecnología similar. Podría abarcar una serie de oficinas cercanas o en una ciudad, puede ser pública o privada. Una MAN puede manejar datos y voz, e incluso podría estar relacionada con una red de televisión por cable local.

Pública. El usuario tiene derecho y recibe este servicio.

Privada. Para acceder a ella es necesario tener una Clave de Acceso por lo que se requiere ser un personal autorizado.

Internet. Es una red pública mundial interconectada a través de rauters con servidores diseminados por toda la tierra, con características especiales: transmisión de voz, data y video, permite la retroalimentación (Acknolegement=ACK), es interactiva. Las aplicaciones corren en el servidor. Dentro de sus características tenemos:

Protocolo de Comunicación TCP/IP. Es gráfico gracias al navegador y tiene un protocolo que permite su transmisión: Protocolo de transmisión de Hipertexto, HTTP (Hypertext transmisión protocol) y al Lenguaje de marcado de Hipertexto, HTML (Hypertext markup language). Usa lenguajes auxiliares (que puedan manejar estructuras: If, For y While) para el manejo de base de datos ya que HTML no es estructurado. Estos lenguajes pueden ser Java, ASP, PHP, PER, etc. Uso de sistemas operativos de redes, NOS (Network Operating System). Los problemas de Internet están relacionados con los tres aspectos siguientes en la medida que estos sean considerados el uso de estas redes adquieren más valor:

- Seguridad. Internet nace sin seguridad.

- Dependencia de las redes. Es una red distribuida.

- Administración. Requiere de personal especializado.

Origen de Internet. El departamento de defensa, DOD (Department of Defense) E.U. quería desarrollar una red mundial para fines militares. La Agencia de Proyectos Avanzados de Investigación de E.U., ARPA (Agency Advanced Research Projects) en 1965 creo ARPANET que es un programa de investigación que debió desarrollar técnicas y tecnologías para conectar redes de varios tipos y protocolos de comunicación, que permitiera a las computadoras conectadas comunicarse libremente a través de diferentes plataformas y redes. Lograron comunicar dos anfitriones y más tarde en el 1969 conjuntamente con científicos de la universidad de STANFORD lograron el conjunto con más de 100 protocolos TCP/IP, esto fue rechazado como un estándar de la industria por los organismos internacionales sin embargo el Ejército (Army) de E.U. lo declaro un estándar en 1983. Arpanet ya sin recursos en 1985 fue adoptada por la Fundación Nacional de ciencias, NSF (National Science Foundation) de Estados Unidos, quienes desarrollaron una red a la que llamaron Internet entre otros organismos sin fines de lucro internacionales y varias universidades del mundo, se creó la InterNIC para su administración y la autoridad para asignación de números en Internet, IANA (Internet assigned number authority). En 1989 un científico de la netscape inventa el navegador con HTTP y HTML haciendo la red más amigable, gráfica y fácil. En 1991-1992 el Internet es liberado por los E.U. para el mundo y es cuando comienza un crecimiento exponencial y más tarde toma la administración del Internat en 1993 la Arquitectura para Internet, IAB (Internet architecture board) que se divide en dos: Fuerza de tarea de Ingenieria, IETF (Internet engeneering tag force) y fuerza de tarea para la investigación, IRTF (Internet research tag force).

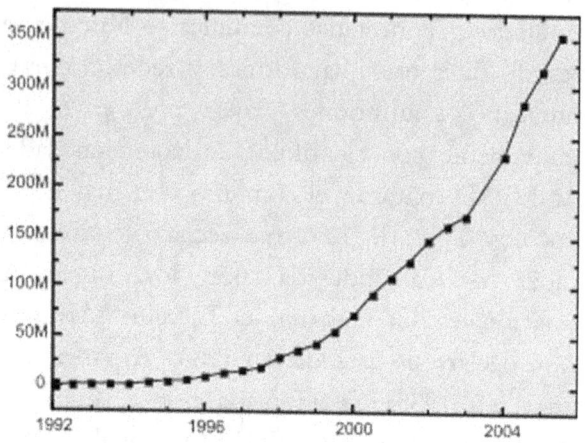

Gráfica 3. Uso del Internet Millones Usuarios/Años
(Fuente: ISC)

En la gráfica anterior la escala vertical indica 10 mil usuarios de Internet, la horizontal años para el 99 habían alrededor de 60 millones de usuarios.

Para conectarse a la Red hay que acudir a una empresa proveedora de servicios de Internet ISP (Internet Service Provider) que nos brinde el acceso. Existen varios tipos: los de primer nivel se conectan directamente a las grandes líneas de transmisión, y cualquier enlace a Internet tiene forzosamente que pasar a través de ellos; están los de segundo nivel, empresas grandes que dan servicio a usuarios finales o a pequeños ISP y por último están los que solamente atienden a clientes finales.

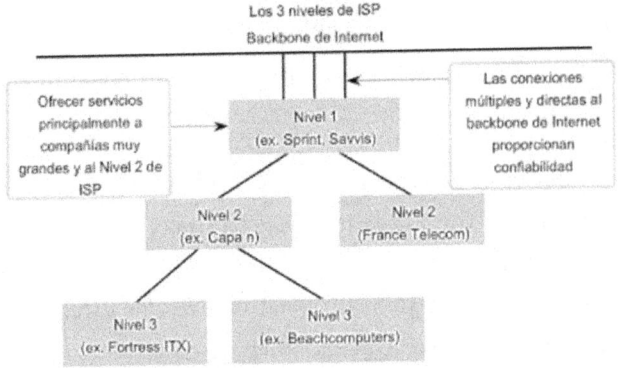

Gráfica 4. Ejemplo Niveles Internet

Es una red privada con las mismas características que tiene Internet. El término describe la implantación de las tecnologías de Internet dentro de una organización para manejar informaciones hacia lo interno de la empresa (Organigrama, boletines, empleado del mes, reconocimientos, despidos, nuevos empleados, etc.). Esto se realiza de forma que resulte completamente transparente para el usuario, pudiendo éste acceder, de forma individual, a todo el conjunto de recursos informativos de la organización, con un mínimo costo, tiempo y esfuerzo. Los miembros de la misma utilizarán, como es presumible, clientes web para acceder a la información. Se implantarán, por lo tanto, protocolos TCP/IP, y se utilizará el HTML para la creación de documentos. La disparidad de plataformas y sistemas informáticos existentes en una organización, y los problemas para compartir información entre ellos, fuerzan a los responsables de los sistemas de información a buscar soluciones de integración, de resultados fiables y de un costo aceptable.

La utilización de la tecnología World Wide Web, por su facilidad de implantación, su bajo costo, y la rápida aprehensión y aceptación por parte del usuario, así como por su portabilidad a las diferentes plataformas, y su capacidad para interactuar con aplicaciones diversas mediante la utilización del interface de salida común, CGI (Common Gateway Interface). Los factores que están influyendo poderosamente en el despegue de Intranet pueden resumirse como sigue:

- Costo asequible.

- Fácil adaptación y configuración a la infraestructura tecnológica de la organización, así como gestión y manipulación.

- Adaptación a las necesidades de diferentes niveles: empresa, departamento, área de negocio.

- Sencilla integración de multimedia.

- Disponible en todas las plataformas informáticas.

- Posibilidad de integración con las bases de datos internas de la organización.

- Rápida formación del personal.

- Acceso a la Internet, tanto al exterior, como al interior, por parte de usuarios registrados con control de acceso.

- Utilización de estándares públicos y abiertos, independientes de empresas externas, como pueda ser TCP/IP o HTML.

Extranet. Es tener acceso desde cualquier parte del mundo a través del Internet a una red privada. Se comporta como un "tunel" dentro del Internet.

Tres características básicas de una extranet:

1. Necesidad de encriptar la Data.La encriptación consiste en aplicar una función a unos datos para que estos queden irreconocibles. La seguridad de un método de encriptación se mide teniendo en cuenta dos cosas: el número de claves posibles y que habría que probar para desencriptar la contraseña y la complejidad de este cálculo, que incide en cuantas verificaciones se pueden hacer por segundo. El número de claves posibles suele ser el factor más importante, y se suele medir en el número de bits que ocupa cada clave. Las posibles combinaciones crecen exponencialmente con el número de bits, por lo tanto a poco que se aumente el número de bits se

incrementará muchísimo el número de claves y la seguridad de la encriptación.

2. Necesidad de un código de acceso es una secuencia alfanumérica que debe marcarse para obtener un servicio, prestación o para alcanzar

3. Integridad de la información. Que esta sea útil y se mantenga integra. Extranet crea un medio de comunicación común para colectivos (clientes, delegados, proveedores, etc.) más cercanos a la organización y que tienen un trato diferencial, tanto de los usuarios finales como de los empleados. Las aplicaciones de Extranet de tecnología del Internet permiten trabajar en tiempo real, siendo el comercio electrónico barato, y eficaz y intercambio de datos electrónicos, EDI (Electronic data exchange) con los compañeros comerciales de una compañía. Un buen ejemplo de este tipo de red es la red privada virtual, VPN (Virtual Private Network). La cual entendemos es una de las formas más seguras de trabajar a través del Internet.

B) Arquitecturas = Protocolos = Topologías Lógicas:

Es un conjunto formal de acuerdos y reglas, que establecen cómo las computadoras deben comunicarse a través de las redes, reduciendo al mínimo los errores de transmisión. Estos transmiten la información fragmentada, de esta manera ninguna transmisión, por grande que sea, monopoliza los servicios de la red.

Un protocolo describe:

- El tiempo relativo al intercambio de mensajes entre dos sistemas de comunicaciones.

- El formato que el mensaje debe tener para que el intercambio entre dos computadoras, que usan protocolos diferentes, se pueda establecer.

- Qué acciones tomar en caso de producirse errores.

- Las suposiciones hechas acerca del medio ambiente en el cual el protocolo será ejecutado.

Clasificación de los protocolos:

Según el Nivel:

Alto. TCP/IP (Propietario de uso universal), MODELO OSI (De la industria) y   SNA (system net. Architecture, IBM).

Bajo. Cualquier nivel que no sea aplicación. Ejemplos: 802.1, 802.2, ..., 802.14

Según el Acceso:

Sin conexión (Connection less): No hay reconocimiento (ACK).

Orientado a conexión (Connection oriented).: Circuito Virtual. Hay reconocimiento.

Según el Fabricante:

Industria: Son estándares definidos por Organismos Internacionales.

Circuito: Es muy parecido a una conversación telefónica, deben darse tres pasos 1 Solicitud, 2 Flujo de datos y 3 Terminación.

Propietario: Son propiedad de un fabricante particular y se usan de forma universal.

TCP/IP (Versión 4) es según la clasificación del fabricante propietario, pues es propiedad del DOD. IP V4 tiene 32 bit No está estandarizado. IP versión 6 tiene 128 Bit es estándar de la industria, SNA también de propietario pues pertenece a la compañía IBM. Estándares IEEE de nivel bajo. (80 porque se reunieron en 1980 y 2 febrero). A Continuación algunos ejemplos:

802.2 Define la norma general para la capa de enlace de datos. El IEEE divide esta capa en dos subcapas: las capas LLC y MAC (discutidas en la lección anterior). La capa MAC varía con los diferentes tipos de red y se define por el estándar IEEE 802.3.

802.3 Define la capa MAC para redes de bus que utilizan Carrier-Sense Multiple Access con Detección de Colisiones (CSMA / CD). Este es el estándar Ethernet.

802.4 Define la capa MAC para redes de bus que utilizan un mecanismo de paso de testigo (Token Bus LAN).

802.5 Define la capa MAC para redes Token Ring (Token Ring LAN).

802.6 establece estándares para redes de área

metropolitana (MAN), que son redes de datos diseñados para pueblos o ciudades. En términos de cobertura geográfica, MAN son más grandes que las LAN, pero más pequeña que las redes WAN. MAN se caracterizan por conexiones de muy alta velocidad con cables de fibra óptica u otros medios digitales.

802,7 utilizados por el Grupo Técnico Asesor de banda ancha.

802.8 utilizados por el Grupo Técnico Asesor de fibra óptica.

802.9 Define las redes de voz / datos integrados.

802.10 Define la seguridad de red.

802.11 Define estándares de redes inalámbricas.

802.12 Define Prioridad demanda de acceso Wi-Fi, 100BaseVG-AnyLAN.

802,13 no utilizados.

802.14 Define los estándares de módem por cable.

802.15 Define las redes inalámbricas de área personal (WPAN).

802.16 Define los estándares inalámbricos de banda ancha.

Instituto de Ingenieros Eléctricos y Electrónicos, IEEE (Institute Electric and Electronic Engineers).

Organismo norteamericano, parte del ANSI, que mediante estudios propios promueve normas de estandarización. Una de sus principales actividades es el desarrollo de normas no obligatorias pero generalmente aceptadas, en el área de comunicaciones y electrónica, con énfasis en técnicas de medición y definición de términos.

Topología: Es la forma que adopta un plano esquemático del cableado o estructura física de la red para unir dispositivos en un medio compartido.

Tipos de Topologías:

Lineal (Bus). Consiste en un solo cable al cual se le conectan todas las estaciones de trabajo. En este sistema una sola computadora por vez puede mandar datos los cuales son escuchados por todas las computadoras que integran el bus, pero solo el designado los utiliza. Ventajas: El cableado es fácil de implementar y económico. Desventajas. Si se tienen demasiadas computadoras conectadas a la vez, la eficiencia baja notablemente. Usa cable coaxial y su velocidad es 10 base 5 (10=ancho de banda, base=tipo señalización y 5=coaxial grueso) o 10 base 2 dependiendo del grosor del cable y la distancia. Un corte en cualquier punto del cable interrumpe la Conexión de los nodos del segmento completo.

Topología Anillo. Es un desarrollo de IBM que consiste en conectar cada estación con otra formando un anillo. Los servidores pueden estar en cualquier lugar del anillo y la información es pasada en un único sentido de una a otra estación hasta que alcanza su destino.

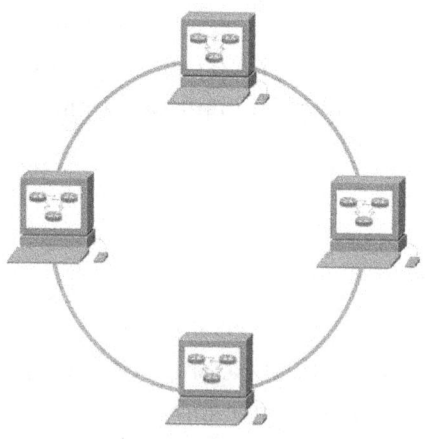

Gráfica 5. Topología Anillo

Desventaja. La caída de una estación interrumpe toda la red. Actualmente no hay conexiones físicas entre estaciones, sino que existen centrales de cableado o MAU (Topología estrella) que implementa la lógica de anillo. Podría ser costos

Ventaja. Con distribución por fibra óptica (FDDI) con doble anillo tiene redundancia.

Topología Estrella. En este esquema donde todas las estaciones están conectadas a un concentrador o HUB con cable por computadora. Para futuras ampliaciones pueden colocarse otros HUBs en cascada dando lugar a la estrella jerárquica.

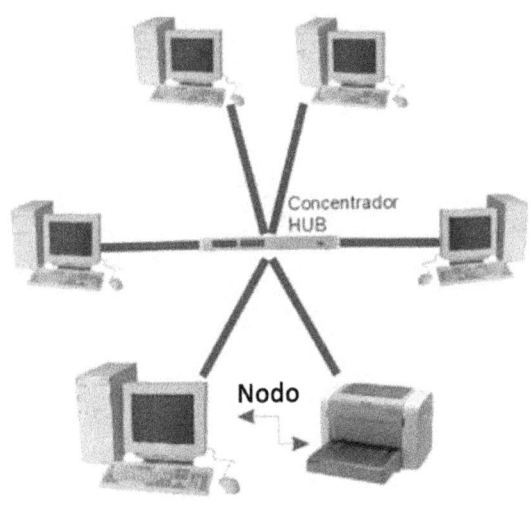

Gráfica 6. Topología Estrella

Desventaja. Todo está centralizado y el cableado es complejo y costoso. Ventaja. Fácil administración velocidades buenas y escalables.

Topología Malla (MESH)

Aquí todos los nodos están conectados entre sí haciendo una malla completa (full mesh). Permitiendo redundancia entre los nodos, es decir que si una ruta falla quedan disponibles otras rutas las cual se rigen por la fórmula (r=enlaces redondantes y =números de nodos):

$$r = \frac{n(n-1)}{2}$$

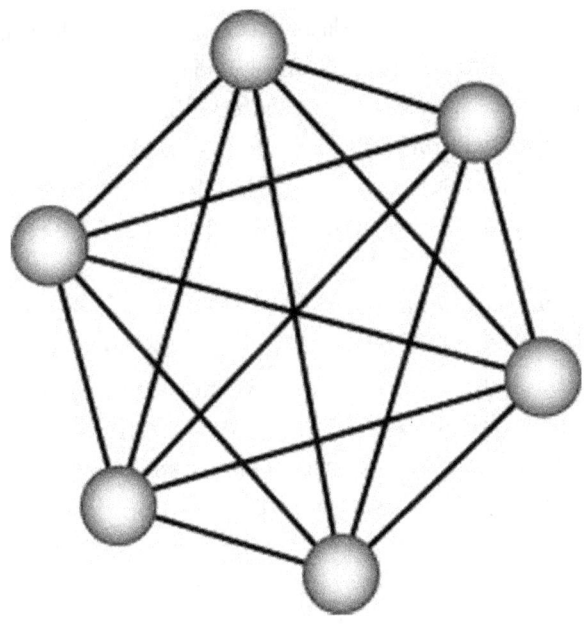

Gráfica 7. Topología Malla

¿Cuál de todas las topologías anteriores es la que debemos usar?

En las redes modernas se una combinación de todas, pero la más común es la topología estrella y desde este punto de vista podemos diseñar nuestra LAN.

Ejemplo: Si conectamos en cadena 6 concentradores (Switchs) de 12 puertos y de bajo procesamiento relativamente económicos. Las personas que no saben los conectan en cascada usando los puertos destinados a PC, esto causa inconsistencia (en un instante solamente pueden haber alrededor de 36 puertos operando simultáneamente de los 60, la LAN tendría un servicio intermitente), debido a la latencia es recomendable conectarlos hasta 3 concentradores para tener 4 segmento de red, 3x4 (no podemos conectar equipos infinitamente), en otras palabras el diseño debe ser en estrella. Para corregir el problema seleccionamos uno de los 6 como central y todos se alimentarán de este, ahora están en estrella y no hay problema de la inconsistencia. Este error es muy común. Como tomamos un concentrador de 12 puertos con el mismo rendimiento de los demás tendríamos dos cosas que mejorar: primero debemos cambiar el equipo central por un equipo de Columna Vertebral (Backbone) de mayor procesamiento y mucho más costoso para aumentar el rendimiento y segundo tendríamos que poner un segundo de mayor procesamiento para respaldo.

2. MODELO DE SISTEMA ABIERTO DE INTERCONEXIÓN, OSI

¿Por qué es importante estudiar el Modelo OSI?

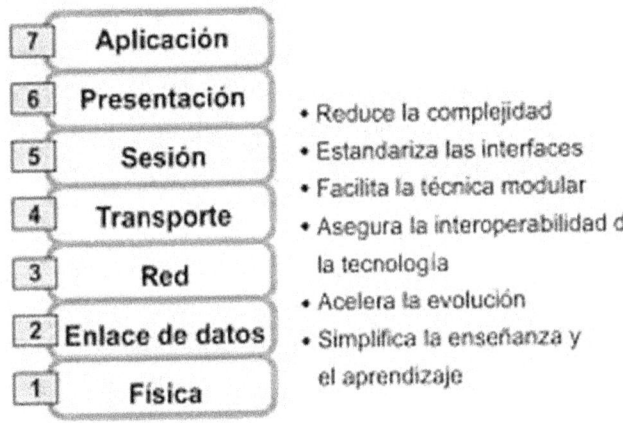

Gráfica 8. Modelo OSI y Su Importancia

De estas seis razones la más importante de todas estas características es la integración de tecnologías diferentes. Este protocolo es usado como referencia en la industria y en la medida que lo conozcamos podremos hablar en coherencia con personas relacionas en el área. Debemos memorizar el número y el nombre del nivel.

Todas las capas tienen componentes de Hardware y Software estando más abundante el software en las capas superiores y de forma equivalente el hardware es más cuantioso en las capas inferiores. Las capas del 1 al 4 son llamadas internetworking y las 3 superiores interoperabilidad.

Integración = Internetworking + Interconectividad.

Para entender cómo se mueve la data de un lugar a otro gracias al modelo OSI es muy simple. Primero debemos ponerle un nombre a la data de acuerdo al nivel donde este:

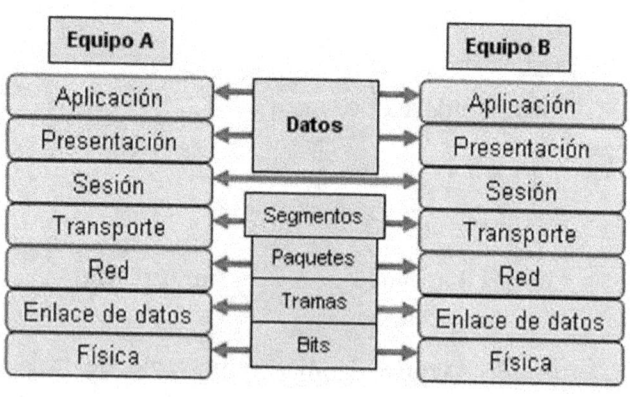

Gráfica 9. PDU

Esto se conoce como unidad de protocolo, PDU (Protocol Data Unit). De esta forma podemos definir la encapsulación; al convertir la data en segmentos estos en paquetes, los paquetes en tramas y estas en bit para su transmisión en el medio (data-segmentos-paquetes-tramas-bit). Por otro lado se recibe en el otro extremo definiendo la desencapsulación; la cual convierte estos bits en tramas-paquetes-segmentos-datos de manera que se obtiene el dato original sin encabezado. Necesariamente cada extremo debe tener 7 niveles.

Definición de los Niveles de OSI:

Nivel 7- Aplicación. Herramientas de fácil uso por el usuario. Manejo de Email, transferencia de archivos, FTP (File transfer protocol), navegación Internet, http (Hypertext transmision protocol) acceso remoto a quipos Telnet (Terminal network) entre otros.

Nivel 6- Presentación. Reorganización de la data. Por ejemplo los Manejadores de base de datos, DBMS (Data base management system); SQL Server (Structure Query language server), Oracol entre otros. Son interfaces de software entre el usuario y los equipos.

Nivel 5- Sesión. Control del tiempo en el diálogo entre

aplicaciones. Aplicaciones de difícil uso como por ejemplo los estándares de base de datos Lenguaje de consulta estructurada, SQL.

Nivel 4- Transporte. Aquí se define el control de flujo y la Integridad de la data que estará determinada por el equilibrio de tres elementos: Ventanas, almacenamiento y congestión (windowing-buffering-congestion). También este nivel es responsable de la corrección de errores en la encapsulación.

Nivel 3- Red. El equipo predominante en este nivel es el rauter su función principal es enrutar paquetes IP (Versiones 4-6) o direcciones lógicas. Es importante conocer la Jerarquía de clase, Subneting (subredes) y Sistema decimal.

Nivel 2- Enlace. Es el único nivel con dos Subniveles LLC (Control enlace lógico) y MAC (control de acceso al medio) direcciones de hardware. Aquí predomina la tarjeta de red y los concentradores (Swicht). Es importante conocer el Sistema Hexadecimal. También este nivel es responsable de la notificacion de errores en la encapsulación.

Nivel 1 – Físico. El medio puede estar determinado por el Cable o No cable (Wireless). Predominan los concentradores (Hub), modem y multipexores. También. Repetidores que prolongan la longitud de la red uniendo dos segmentos y amplificando la señal, pero junto con ella amplifican también el ruido. Es importante conocer la electricidad, atenuación, el sincronismo, la simetría, los sistemas análogos y digitales.

EJEMPLOS MODELO OSI			
Nivel	Nombre de la Capa	Protocolos	Equipos Tecnologías
7	Aplicación	SNMP DNS FTP TFTP Telnet SNMP SMTP TFTP	
6	Presentación	JPG DBMS PER	

		JAVA ASP	
5	Sesión	SQL	
4	Transporte	TCP UDP SPX	
3	Red	IP IPX Apple TAlk	ROUTER
2	Enlace	Mac LLC	SWICHT MPLS ATM
1	Fisico	Ethernet	HUB Multiplexor Modem

3. NIVEL FISICO

Como hemos visto anteriormente el modelo OSI nos ofrece ventajas que serán aprovechadas en este capítulo y los siguientes para entender las redes de datos. En ese orden comenzaremos por el nivel uno y siguiente.

El nivel Físico define las normas y protocolos usados en la conexión. También define los cables y los conectores. En este nivel están los Hub (concentradores), repetidores, Multiplexores, modems entre otros. Esta la corriente eléctrica que es el movimiento de los electrones en un material conductor por ejemplo el cobre. Hay dos tipos de corriente: directa DC y alterna AC. La corriente DC se encuentra en las baterías de los carros, también se puede producir la estática al frotar dos elementos, esta se encuentra en la naturaleza. En cambio AC o corriente inducida es la producida por inducción electromagnética, simplemente es un núcleo de hierro envuelto con cable de cobre próximo a un imán en movimiento. Esta última podemos verla en nuestra casa donde conectamos los electrodomésticos, estos tienen tres contactos: La tierra para protección de la persona y del equipo, el más corto es la línea viva y el largo es el retorno (neutro) que cierra el circuito.

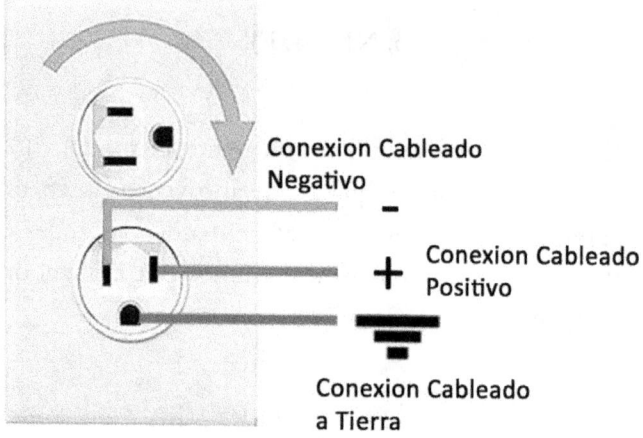

Gráfica 10. Corriente Alterna

Los equipos transmisores y receptores utilizan corriente AC pero internamente tienen un transformador para reducirla y un puente de diodos para convertirla a DC. El señor Culombios estudió el comportamiento de las cargas y el descubrió que cargas opuestas se atraen mientras que cargas iguales se repelen. El Diodo consta de dos electrodos, uno positivo que es el ánodo (comúnmente llamado placa) y otro negativo que es el cátodo. La característica principal del diodo es que no deja pasar la corriente en sentido inverso, por tanto si aplicamos una corriente alterna entre la placa (ánodo) y el cátodo, la placa será con respecto al cátodo unas veces positiva y otras veces negativa, por tanto la corriente variará dependiendo del ciclo pero siempre en la misma dirección.

Si por un diodo pasa una corriente como la que se muestra en la parte superior de la figura, sale una corriente como la que aparece en la parte inferior de la misma. Esta acción se llama rectificación que es el resultado en una polaridad para hacerla más recta (Corriente DC) se le agrega un capacitor para mantener los picos. La siguiente figura es un puente de diodos:

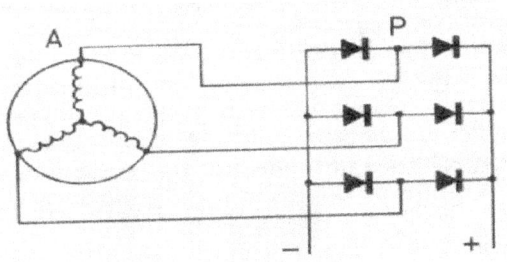

Gráfica 11. Rectificador de Corriente

Atenuación:

Es perdida de la señal en el medio causada por la distancia o el ruido. Los eléctricos la miden con la impedancia:

$$Z=R+Ri+Rc$$

R, resistencia que depende del grosor del alambre, lo podemos comparar con una manguera de agua mientras esta es más grande deja pasar más agua en este caso más corriente. Ri, reactancia inductiva o perdida por inducción, esta se puede ver fácilmente en los transformadores (Bobinas pequeñas y grandes que al combinarlas bajan o suben la corriente AC) que están en los tendidos eléctricos estos deben aumentar corriente para poder llevarla más lejos (Con esto resolvemos el problema de distancia largas) y luego disminuirla para poder usarla. Las pérdidas que generan estos dispositivos son notables por la cantidad de calor que generan. Rc, reactancia Capacitiva o pérdida por capacitancia. En los tendidos eléctricos cuando pasa la corriente a través de ellos se forma una corriente inversa en sentido contrario (Ley de Lenz) parecida a la ley de Niwton, a toda acción una reacción, estas dos corrientes contrarias forman una corriente perpendicular a estas formando un campo magnético circular al alambre que cuando choca en la tierra forma un campo electromagnético resultando un capacitor (Dos Placas metálicas paralelas una + y la otra − que pueden almacenar corriente) en todo el recorrido del alambre, estas pérdidas son muy significativas, le llamamos ruido. En las telecomunicaciones de datos este ruido provocado por la reactancia capacitiva lo eliminamos trenzando los alambres para cancelar el campo eléctrico.

Transmisión Síncrona. Exige la transmisión tanto de los datos como de una señal de reloj que marque el compás del envió con el fin de sincronizar emisor y receptor. Este sincronismo es logrado con un reloj maestro o interno y un reloj esclavo o externo.

Transmisión Asíncrona. El proceso de sincronización entre emisor y receptor se realiza en cada palabra de código transmitida, bandera de inicio y fin (Flag). Esto se lleva a cabo a través de unos bits especiales que ayudan a definir el entorno de cada código. Imaginemos que la línea de transmisión esta en reposo cuando tiene el nivel lógico "1". Una manera de informar al receptor de que va a llegar un carácter es anteponer a ese carácter un bit de arranque, "bit de start", con el valor lógico "0". Una vez recibidos todos los bits informativos se añadirán uno o más bits de parada, "bits de stop", de nivel lógico "1" que repondrán en su estado inicial a la línea de datos, dejándola preparada para la transmisión del siguiente carácter. Por ejemplo, si se considera un sistema de transmisión asíncrono con 1 bit de start, 8 bits informativos por cada palabra de código y 2 bits de stop, tendremos ráfagas de transferencia de 11 bits por cada carácter transmitido. Una falta de sincronía afectará como mucho a los 11 bits, pero la llegada del siguiente carácter, con su nuevo bit de start, producirá una resincronización del proceso de transmisión.

Señal análoga. La señal análoga son ondas continuas, por ejemplo, nuestra voz pasa al teléfono y este retransmite ondas de sonido las cuales son análogas. Herls descubrió que estas ondas se mueven en el aire (erróneamente a través del ehter ya que este no existe, simplemente se mueven solas en el aire) y en su honor podemos medirlas a razón de segundos. La voz puede alcanzar hasta 4 KH (H=1/s) Es decir la voz puede oscilar 4 mil veces en un segundo.

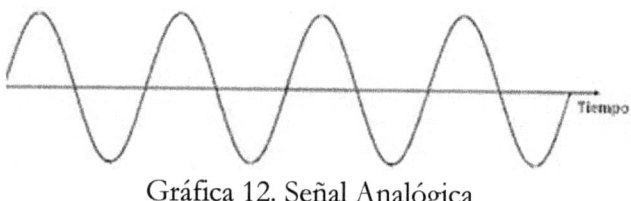

Gráfica 12. Señal Analógica

Señal digital. alteraciones entre dos estados, a saber: (1) presencia o ausencia (0) de voltaje.

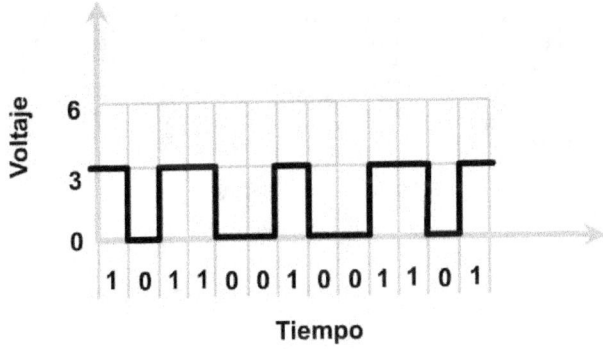

Gráfica 13: Señal Digital

Simetría. Al dividir un elemento en dos partes resultan homogéneas. Asimétrico al partir un elemento en dos partes resultan heterogéneas.

Modem. (Modulador - Demoulador) es un aparato que convierte la señal análoga en digital y viceversa. Según la comisión federal de comunicación, FCC (Federal Communications Commision) la velocidad hacia arriba (upstream) es 33.3 y hacia abajo (Downd streams) es 53.3. Estos equipos son asimétricos y asincrónicos. Los modem reciben la señal digital y la transmiten en el mismo medio que usa el teléfono de forma análoga pudiendo esta llegar hasta siete kilometoros sin repetidores. El problema en esto sistemas es que al llevarla a distancia más largas también se amplifica el ruido, 200 kilómetros, se necesitarían alrededor de 20 repetidores y al final por mas filtros que usemos solo llegaría ruido.

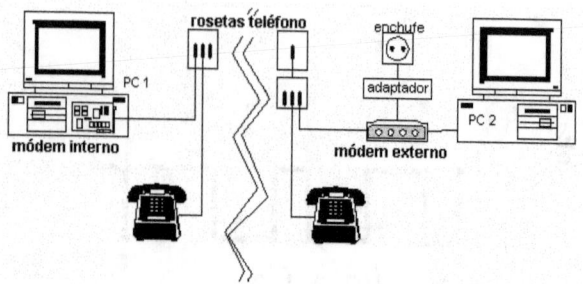

Gráfica 14: Modem

El protocolo v.92 es una nueva especificación para los módems desarrollada por lUnión Internacional de Telecomunicaciones, ITU (International Telecommunications Union). Ventajas del Protocolo v.92 frente al protocolo v.90: Compreción de datos de 4:1 a 6:1. Conexiones hasta un 50% más rápidas. Upstream hasta 48 Kbps. Pero la característica más llamativa es MODEM-on-Hold, que permite recibir llamadas sin necesidad de desconectar la línea de Internet, aunque es

necesario tener contratado el servicio de llamada en espera con la compañía telefónica; incluso es posible realizar llamadas de voz sin desconectar la línea de datos. La tecnología v.92, al igual que las anteriores v.90 y v.34, debe estar presente tanto en el equipo cliente como en el servidor, por lo que es necesario que su proveedor haya actualizado los nodos de acceso para soportar esta tecnología. La llamada en espera sin cortar la conexión funcionará con cualquier proveedor que en su extremo de la línea disponga de nodos compatibles con v.92.

Modem ADSL. Línea de suscriptor Digital Asimétrica (Asymmetric Digital Subscriber Line) Bajo el nombre xDSL se definen una serie de tecnologías que permiten el uso de una línea de teléfono estándar (la que conecta nuestro domicilio con la central de Telefónica) para transmisión de datos a alta velocidad y, al mismo tiempo, para el uso normal como línea telefónica. ADSL es la tecnología de banda base que permite utilizar las líneas telefónicas convencionales para la transmisión de datos a alta velocidad, con acceso permanente y simultáneamente la utilización del teléfono para hablar. Separa la voz de los datos porque los envía por frecuencias diferentes, de forma que se puede hablar por teléfono aunque el ordenador esté conectado a Internet. Multiplexor. El multiplexor es básicamente un equipo con múltiples entradas y una sola salida que permite seleccionar el canal que se desea. Este puede recibir la señal análoga o digital, lo importante es que siempre la transmite de forma digital en el medio, es decir no hay ruido cuando la señal es amplificada porque los 0s y 1s son regenerados. La distancia sin repetidores puede llegar hasta un kilómetro tomando como referencia el cobre, micro ondas alrededor de 70 kil y fibra óptica aproximadamente 100 kil sin importar el medio queda resuelto el problema del ruido. Pasa la señal de análoga a digital y viceversa. Ahorra líneas en la calle. Baja costo. La señal sale del teléfono (analógica), pasa a la estación (digital), luego al sistema (analógica), luego a digital y por ultimo al otro teléfono analógica.

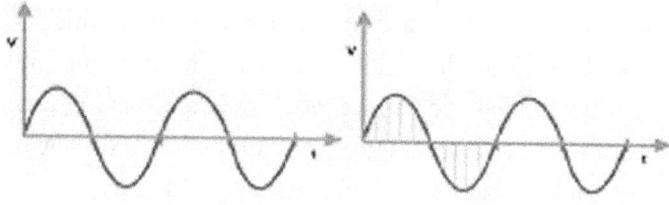

Gráfica 15. Muestras Señal análoga

Teorema de Nyquist. Una señal analógica puede ser reconstruida, sin error con muestras tomadas en iguales intervalos de tiempo. La razón de muestreo es igual, o mayor, al doble de la frecuencia (4-8) de la señal analógica (4 khz)". Demostró que en un segundo se pueden enviar 64,000 bit, lo que se conoce como DS0 señal digital cero (Digital Signal 0). Teniendo en cuenta que la voz tiene una frecuencia promedio de 4 KHz, comprobó que el envió optimo es de 8 bit (muestras) x 8(2f) = 64 Kb/seg.

Multiplexación por división de tiempo, TDM (timedivision multiplexing). Multiplexación por división de tiempo. Técnica en la cual se puede asignar ancho de banda a la información de múltiples canales en un solo cable, en base a espacios de tiempo asignados previamente. Se asigna ancho de banda a cada canal, sin tomar en cuenta si la estación tiene datos para transmitir. Ejemplo: Modulación por pulsos codificados, PCM (Pulse code modulation). Transmisión de información analógica en forma digital a través del muestreo y codificación de muestras con un número fijo de bits.

Multiplexor de 24 canales (PCM). Para calcular el tiempo. Cada canal puede enviar 8 muestras (recordar el teorema de Nyquist) Se mueve girando a toda velocidad sin que el usuario se percate de ello. Por lo tanto, envía 24 x 8 = 192 pero debe adicionársele uno para indicar que el ciclo inicia, es el bit de sincronismo que controla el tiempo. Por lo tanto el cálculo correcto es:

24 x 8 = 192 + 1 (sinc) = 193

Si tiene 24 canales y envía 193 bit, el tiempo que demora será:

24 / 193 = 0.125 milisegundos

Imperceptibles para nosotros los humanos. Para saber la velocidad resultante:

64k (DS0) x 24 Canales= 1,536,000(Data)

$$+ \qquad \underline{8,000(\text{Sin.})}$$

$$1.544 \quad \text{Mb/seg} \qquad = \quad \text{T1}$$

(Data+Sinc)

T1 es un estándar americano..
En Europa se denomina E1 y es igual
a 32 x 64 = 2.084 Mb/seg (usa dos
canales de 64 para sincronismo)

Gracias al multiplexor podemos tener troncales entre centrales telefónicas, de no ser así suponiendo estas líneas fueran aéreas no pudiéramos ver el cielo por la cantidad de cables.

Ejemplos: Las compañías de teléfono unen sus centrales telefónicas y conexiones a Internet con multiplexor desde 12 T3(45 Mbit) =T5 (45Mbit-8 mil personas hablando simultáneamente por un solo cable) este sistema también se conoce como STM1 y pueden crecer de la siguiente manera: STM4= 48 T3, STM16= 192 T3, STM64 = 768 y STM 256 (STM1, Synchronous Transport Module level 1). La multiplexion tiene problemas cuando las muestras son ceros consecutivos debido a que cero es ausencia de voltaje, se perdería el sincronismo. Para arreglar esto hay dos algoritmos AMI y B8ZS:

Inversión alternada de marcas, AMI (Alternate Mark Inversion). Tipo de código de línea que se utiliza en circuitos T1 y E1. Toma de cada muestra el último y le coloca un 1, para mantener el sincronismo. No se puede utilizar todo el ancho de banda. 56 kb/seg para la data y 8 kb/seg para el sincronismo.

Sustitución de 8 ceros binaria, B8ZS (Binary 8 Zero Substitución). Usa una señal bipolar, tiene valores + y −. Se puede usar todo el ancho de banda, por esto se le llama canal limpio (Clear Channel).

Hay más formas de multiplexion: FDM, Multiplexación de división de frecuencia (frecuencydivision multiplexing). Técnica por la cual se puede asignar un ancho de banda a información desde varios canales en un único cable, basándose en la frecuencia. Entre muchos otros, se analizó el TDM porque es el más usado.

Cableado estructurado: Es extenso tratar el tema de cableado estructurado sin embargo debido a su gran importancia haremos una descripción breve en una topología estrella usando un cable par trenzado desprotegido, UTP (unshielded twisted pair), 100 base TX. Como muestra la gráfica lo más importante de este cable son las trenzas que eliminan el ruido.

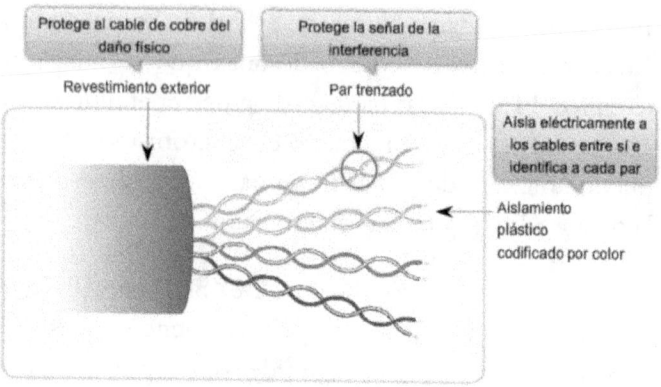

Gráfica 16: Cable UTP de Par Trenzado no Brindado

Ejemplo: Vamos a analizar un sistema de cableado estructurado en estrella con 100 computadoras distribuidas en 4 salas de clase. Haciendo una simple regla de 3 podremos aplicarlo a cualquier caso de la realidad. Lo primero que debemos tomar en cuenta es la colocación del cuarto de equipo que debe ser ubicado en función de la regla del compás, este debería estar en un lugar céntrico preferiblemente, aquí se instalan los bastidores (rack), los concentrador (witch, equipos activos) y los paneles de conexión (patch panels). Para las acometidas, las tuberías que llevan el cable UTP hasta cada computadora, usaremos 4 tubos de 3 pulgadas c/u para 25 computadoras en cada salón. La cantidad de tubos dependerá de la distancia de cada aula, que no deberá ser mayor de los 100 metros. La cantidad de cable a utilizar estará determinada por un factor 0.17, basado en la experiencia de instalaciones de este tipo. En este caso es 0.17x100=17 cajas de cable de 1000 pies c/u. El diseño de los 100 puntos está representado por el siguiente gráfica17.

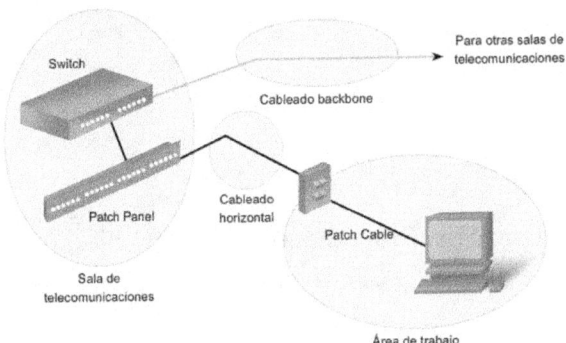

Gráfica 17: Cable Horizontal

El cable horizontal desde el conector (Jack RJ45) al pach panel es de 90 metros la conexión debe ser directa de acuerdo a siguiente la gráfica 19. en los extremos para completar los 5+5=10 metros para un total de 100 metros.

El cableado estructurado está definido por la suma del cableado Horizontal y el cableado vertical o backbone.

Propuesta económica cableado horizontal 100 puntos de red:

Cantidad	No. Parte	Descripción	Precio	Total RD$
		Cableado Horizontal 100 Puntos de Red Categoria 5		
17		Cajas de cable UTP mil pies	4,320.00	73,440.00
100		Pach cord 7 pies	138.00	13,800.00
100		Pach cord 3 pies	96.00	9,600.00
100		Jack RJ45	168.00	16,800.00
100		Cajas de pared	72.00	7,200.00
100		Face plate	36.00	3,600.00
5		Pach pannel 24 ptos cat 5	4,080.00	20,400.00
5		organizador de cable	9,000.00	45,000.00
1		rack 7 pies	9,000.00	9,000.00
100		Mano de obra instalacion	780.00	78,000.00
			Subtotal	276,840.00
			ITBIS	33,220.80
			TOTAL RD$	310,060.80

Gráfico 18: Propuesta económica Cableado Horizontal

En la medida que estas variables sean ponderadas se pueden ganar licitaciones con márgenes de ganancias aceptables. Bajo ninguna razón recomendamos trabajar con materiales de mala calidad o aquellos que no son reconocidos por los estándares internacionales.

Propuesta económica cableado vertical GB para 100 puntos de red: Aquí el margen de ganancia es un 15%. El cableado vertical UTP debe ser categoría 6 o superior.

Cantidad	No. Parte	Descripción	Precio	Total RD$
		CableadoVertical UTP GB 100 Puntos de Red		
5		Switch 24 puertos 10/100 y 2 puertos 10/100/1000	3,448.00	17,240.00
4		Pach cord UTP Categoria 6 Gbit 7 Pies Conexion crusada	600.00	2,400.00
			Subtotal	19,640.00
			ITBIS	2,356.80
			TOTAL RD$	21,996.80

Gráfico 19: Propuesta Cableado Vertical

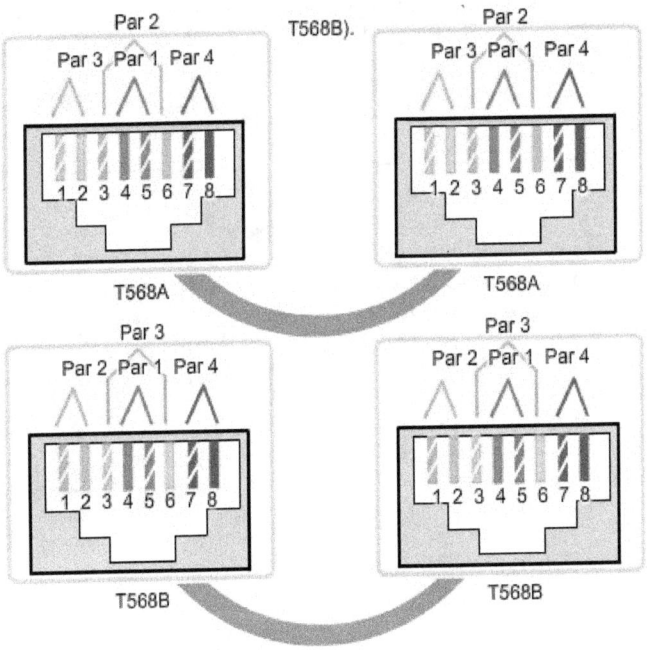

Gráfico 20: Cable de Conexión Directa

En la siguiente gráfica se expresa la conexión cruzada para conexiones sencillas y a 1 Gbps

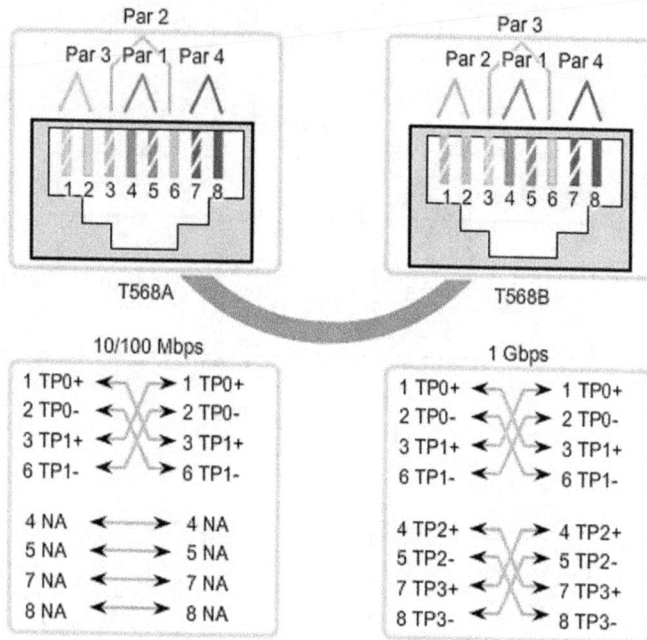

Gráfico 21: Cable de Conexión Cruzada

Propuesta económica cableado vertical fibra óptica para 100 puntos de red:

Cantidad	No. Parte	Descripción	Precio	Total RD$
		CableadoVertical Fibra Optica GB 100 Puntos de Red		
5		Switch 24 puertos 10/100 y 2 puertos Fx	4,500.00	22,500.00
4		Pach cord Fibra Optica 7 Pies Conexion crusada	1,600.00	6,400.00
			Subtotal	28,900.00
			ITBIS	3,468.00
			TOTAL RD$	32,368.00

Gráfico 22: Cableado Vertical o Backbone

Las dos propuestas de cableado vertical tienen el mismo desempeño. El uso de UTP a Gbps lo sugerimos para lugares donde todos los switch estén muy cercanos. El uso de fibra óptica se recomienda por ejemplo en un edificio que requiera un switch por piso.

4. NIVEL DE ENLACE

La capa de enlace de datos está dividida en dos subcapas: el control de acceso al medio (MAC) y el control de enlace lógico (LLC). Los puentes (bridges) y los SW operan en la capa MAC. La función de la capa dos es la de asegurar la transferencia de datos libres de error entre nodos, además establece el control de acceso al medio.

El nivel 3 es un nivel lógico que maneja direcciones de software y para comunicarse con el nivel dos requiere de la subcapa LLC porque la dirección del nivel 2 es de hardware y no pueden comunicarse de forma directa. Dada una dirección, LLC debe realizar su localización. Por ejemplo, el protocolo ARP / RARP Son los que hacen la resolución de dirección del TCP/IP.

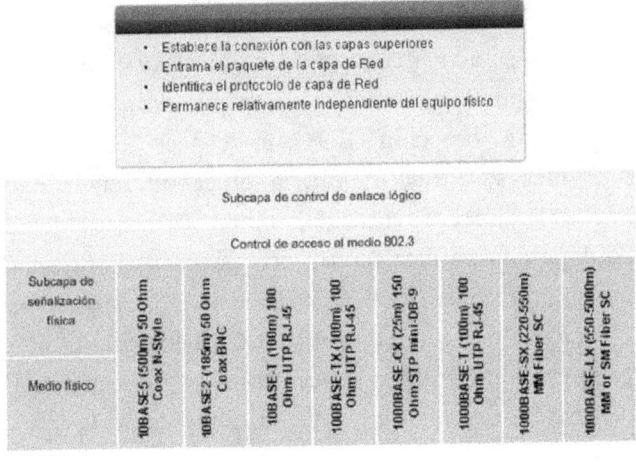

Gráfica 23. LLC

LLC Control de enlace lógico IEEE 802.2 y Protocolo de resolución de dirección, ARP (Adress resolution protocol) Este protocolo se activa cuando desconocemos la dirección MAC. Cuando un nodo de la red desea enviar datos a otro nodo, debe averiguar su dirección física. El nodo origen conoce su propia dirección IP y la dirección física (es la de su interface de red), pero lo único que sabe de la computadora remota es su dirección IP. Para conocer la dirección física equivalente, se envía un mensaje ARP (Broadcast). Este mensaje lo reciben todas las computadoras de la misma red física, pero sólo contesta la computadora solicitada. ARP es el encargado de resolver direcciones IP en direcciones físicas.

Protocolo de Resolución de Direcciones Inversas, RARP (Reverse Address Resolucion Protocol). Este protocolo se activa cuando desconocemos la dirección IP. En algunas situaciones la computadora remota no conoce su dirección IP, esto es, en el caso de estaciones sin disco rígido, la única diferencia entre estas es la dirección física de su interfaz de red. Debido a que para comunicarse con otras necesita la dirección IP, envía un paquete RARP (Broadcast). Este paquete es recibido por un servidor que contiene una tabla de resolución entre direcciones físicas y direcciones IP. Dicho servidor resuelve y envía la dirección IP que le toca

Protocolo de Configuración Dinámica de Hosts, DHCP (Dynamic Host Configuration Protocol). Usa RARP. Es un servicio utilizado en red para atribuir una IP dinámica, es decir que permite dar una dirección IP a cada cliente red, en cuanto se conecta. Cada máquina en una red que usa TCP/IP necesita una dirección IP única, es decir que no esté repetida en la red. Para ello, existe la posibilidad que el administrador de la red, atribuye una IP de forma manual y estática a cada máquina, lo que muchas veces supone un trabajo tedioso, o recurre a un servidor DHCP, que es el que se va a encargar de realizar esta labor cuando se conecte una maquina a la red. Control de Acceso al Medio, MAC: Es una dirección llamada de hardware porque viene impresa en la tarjeta de red, NIC (Network interface Card). Esta expresada en binario tiene 48 Bits. Se representa en el sistema Hexadecimal con 12 dígitos. La primera mitad la asigna la IEEE al fabricante (lado izq) y la segunda mitad es el serial.

La NIC está en el nivel 2 en referencia al modelo OSI. Como el protocolo TCP/IP unifica en su nivel 1 el 1 y 2 de OSI, para TCP/IP NIC es de nivel 1. Hablando en términos generales es del 2 queda implícito que es en relación al modelo OSI.

Las telecomunicaciones deben analizarse desde el punto de vista LAN y WAN e manera independiente para su mejor comprensión:

LAN, Se caracteriza por tener poca latencia:

IEEE 802.3   - Ethernet (CSMA/CD).

IEEE 802.5   - Token Ring.

ANSI FDDI - Token Ring (Fibra).

WAN, Se caracteriza por tener mucha latencia:

PPP

HDLC

FRAME RELAY

RS-232   Puertos asimétricos (Modem)

V.35   Puertos Sincrónicos (Multiplexores)

Se emplean dos algoritmos para detección de errores denominados que no toman lugar al mismo tiempo: Verificación Cíclica Redundante, CRC (Cyclical Redundant Check). Es una forma de comprobar errores en un mensaje haciendo cálculos matemáticos con el número de bits en el mensaje. Este número, es mandado con la información al receptor que comprueba que ha recibido y repite el cálculo matemático. Si hay alguna diferencia entre los dos cálculos, el receptor solicita que se le mande la información otra vez.

Verificación Secuencia de Trama, FCS (Frame Check Secuence). Este algoritmo también provee un mecanismo de detección de error en caso de datos corruptos.

Broadcast: Tipo de comunicación en que todo posible receptor es alcanzado por una sola transmisión. Todos comparten el mismo medio. Es un mal necesario. Cuando hay mucha sobrealimentación (flooding) hay muchas colisiones. El Broadcast produce desgaste de ancho de banda (lo disminuye).

Clasificación de los Broadcast:

- Flooding (Inundación). Cuando se envía un mensaje a todo el mundo y todo el mundo lo contesta.

- Unicast (Unidifusión). En el sistema unicast la transmisión de información se transmite a todo el mundo, dirigida a un solo punto. Una dirección que solamente puede ser respondida por un solo Host.

- Multicast (Multidifusión). En el sistema multicast la transmisión de información se transmite a todo el mundo, dirigida a un grupo. Una dirección que solamente puede ser respondida por un grupo de Host.

Segmentación. Es usada para resolver el problema de los broadcast creando Dominios de Colisión más pequeños (micro segmentación). El Hub (Nivel 1),

Switch y el Bridge trabajan en un dominio de bradcast. Pero el Switch y el Bridge saben quién está dentro del dominio del Broadcast porque crean una tabla de "Mac Address" y lo dividen en dominios de colisión. El número de dominios de colisión depende del número de puertos.

El Router conoce a todo el que está fuera del dominio del Broadcast. Tantos puertos tenga, tantos dominios de Broadcast y de colisión tendrá.

Arbitraje. Como es un medio compartido los equipos deben tener el acceso controlado. Aquí solo analizaremos las normas 802.3 y 802.5.

802.5. Token Ring. Resuelve el problema del medio compartido poniendo como árbitro el "Token", es decir que este algoritmo es deterministico, un dispositivo solo puede transmitir en un momento determinado.

802.3. Ethernet. Para resolver el problema del medio compartido en este sistema hay que reducir las colisiones. El arbitraje se realiza con los algoritmos Back Off y CSMA/CD.

Colisiones. Se supone que cada bit permanece en el dominio un tiempo máximo ("Slot time") de 25.6 μs (algo más de 25 millonésimas de segundo), lo que significa que en este tiempo debe haber llegado al final del segmento.

Si en este tiempo la señal no ha salido del segmento, puede ocurrir que una segunda estación en la parte del segmento aún no alcanzado por la señal, pueda comenzar a transmitir, puesto que su detección de portadora indica que la línea está libre, dado que la primera señal aún no ha alcanzado a la segunda estación. En esta circunstancia ocurre un acceso múltiple MA ("Multiple Access") y la colisión de ambos datagramas es inevitable. En la operación de una red Ethernet se considera normal una cierta tasa de colisiones, aunque debe mantenerse lo más baja posible. En este sentido una red normal debe tener menos de un 1% de colisiones en el total de paquetes transmitidos (preferiblemente por debajo del 0.5%). Para realizar este tipo de comprobaciones es necesario contar con analizadores adecuados.

BackOff. Tiempo que dura la computadora para retransmitir luego de una colisión. Este tiempo es de 0.52 milisegundos.

Detección de colisión acceso múltiple sensor de portadora, CSMA/CD (Carrier Sense Multiple Access Coalition Detection). Se utiliza para evitar colisiones. Asigna un retardo y hace un sorteo para cada uno, asignándoles un número aleatorio por medio de un algoritmo que representa el diferencial. En full Duplex, el CSMA/CD esta desactivado. El protocolo CSMA/CD utilizado en Ethernet. Se basa en que cuando un equipo Terminal de Data, DTE (Data Terminal Equipment) conectado a una LAN desea transmitir, se mantiene a la escucha hasta que ningún equipo está transmitiendo (es la parte CS "Carrier Sense" del protocolo); una vez que la red está en silencio, el equipo envía el primer paquete de información. El hecho de que cualquier DTE pueda ganar acceso a la red es la parte MA "Multple Access" del protocolo. A partir de este momento entra en juego la parte detección de colision, CD (Collision Detection), que se encarga de verificar que los paquetes han llegado a su destino sin colisionar con los que pudieran haber sido enviados por otras estaciones por error. En caso de colisión, los DTEs la detectan y suspenden la transmisión; cada DTE esperen un cierto lapso, pseudo aleatorio, antes de reiniciar la transmisión.

Full-Duplex. Este término indica la característica de cualquier hardware, de enviar y recibir datos al mismo tiempo a través de un mismo medio.

Half-Duplex. Sólo permite la señal en una dirección a la vez por el mismo medio. Por ejemplo, los sistemas de radio móvil.

Switching. Equipo básico para las redes LAN el cual opera en la capa 2 del modelo OSI. Su antecesor es el bridge, por ello, muchas veces al switch se le refiere como un bridge multipuerto, pero con un costo más bajo, con mayor rendimiento y mayor densidad por puerto.

El switch en la capa 2 hace sus decisiones de envío de datos en base a la dirección MAC destino contenido en cada trama (frame). Estos, al igual que los puentes (bridges), segmentan la red en dominios de colisión, proporcionando un mayor ancho de banda por cada estación.

Un switch puede poseer cuatro estados y pasa durante el proceso de encendido:

1. Blocking
2. Listening
3. Learning
4. Forwarding

De la etapa 1 a la 2 demora 20 segundos, de la 2 a la 3 demora 15 segundos y de 3 a 4 otros 15 segundos. En total demora 50 segundos desde que inicia hasta que llega al tiempo de operación óptimo (un minuto).

Cuando se activa un Switch (SW) con corriente la memoria está vacía, todo llega: flooding, después anota los macaddress en su tabla de direcciones de hardware. Al minuto después de la convergencia conoce los dispositivos conectados a sus puertos pudiendo enviar la señal (frame) a la dirección indicada en forma de unicast.

Corrección de duplicidad (Loops Avoidance). En el SW se forman bucles (Loops) interminables. Existe un algoritmo llamado Distribución en Árbol (Spanning Tree) que se usa para eliminar los loops y dejar rutas como redundantes (backups). La especificación de IEEE 802.1D para atravesar Spanning Tree permite que los SW y los Bridge eliminen las trayectorias duplicadas y los lazos en una red. El protocolo permite que el interruptor se comunique con estos otros dispositivos y a través de la red.

Reenviar (Forwarding): Proceso por el cual un puente o conmutador Ethernet lee el contenido de un paquete y lo transmite al segmento apropiado. La velocidad de remisión es el tiempo que precisa el dispositivo para ejecutar todos estos pasos. Protocolo Spanning Tree: El caso será analizado conectando 3 SW.

1. Si el Switch tiene 24 puertos solo tiene una Mac – Address que representa todos los puertos. El sw más cercano entre todos (Mejor ancho de banda) o el que tenga el MAC más pequeño se convierte en raíz (root) y pone los puertos de todo el mundo en estado bloqueado.

2. Por cada puerto que tenga un segmento conectado.

3. A un no root lo cambia de bloqueado a abierto (forwarding).

4. Los puertos que quedan cerrados, lo deja como backup.

En Spanning Tree hay:

- 1 root por sistema

- 1 puerto por segmento

- 1 puerto por no root

Convergencia. Es el tiempo en que el Switch pasa del estado Bloqueado al estado Forwarding y el algoritmo Spanning Tree (STP) se activa. (Alrededor de un Minuto).

Modo de Filtrado:

Cortar y atravesar (Cut-through): La técnica para examinar paquetes entrantes por la que un conmutador Ethernet sólo mira el MAC de un frame y lo remite (Filtrado Rápido). Este proceso es más rápido que mirar el paquete entero, pero también permite remitir algunos paquetes con error. Para este sistema la latencia (letancy) es fijo.

Almacenar y enviar (Store and Forward): La técnica para examinar paquetes entrantes por la que un conmutador Ethernet analiza el frame y lo remite (Filtrado Lento). Este proceso es más lento y no transmite trama con errores,. Para este sistema la latencia (letancy) varía de acuerdo al tamaño de la trama.

5. NIVEL DE RED

Los Routers operan en la capa 3 del Modelo OSI y, por consiguiente, distinguen y basan sus decisiones de enrutamiento en los diferentes protocolos de la capa de red. Los routers colocan fronteras entre los segmentos de red porque éstos envían sólo tráfico que está dirigido hacia ellos, eliminando la posibilidad de "tormentas" de broadcasts, la transmisión de paquetes de protocolos no soportados y la transmisión de paquetes destinados a redes desconocidas.

Para alcanzar estas tareas, un rauter ejecuta dos funciones: Crear y mantener una tabla de enrutamiento de cada protocolo de la capa de red. Esta tabla puede ser creada manualmente por ruta estática o dinámicamente mediante los protocolos de enrutamiento (RIP, OSPF, etc.)

Identificar el protocolo contenido en cada paquete, extraer la dirección destino de la capa de red y enviar los datos en base a la decisión de enrutamiento.

Los Routers seleccionan el mejor camino para enviar los datos basados en la métrica (# de saltos, velocidad, costo de transmisión, retardo y condiciones de tráfico) de las rutas. Adicionalmente, tienen la capacidad de implementar políticas de seguridad y de utilización del ancho de banda. Pero, por el contrario, el proceso que debe realizar con los paquetes se refleja en un incremento en la latencia y reducción del rendimiento.

Características:

- Enlaza redes que utilizan diferentes identidades.

- Solamente transmite los datos necesitados por el último destino a través de la red.

- Examina y reconstruye paquetes sin pasar los errores a la red siguiente.

- Un rauter almacena y envía paquetes de datos a cada uno de los cuales contiene una dirección de destino y un origen de la red-desde un LAN o WAN a otra. Los rauters son "más inteligentes" que los bridges, ya que localizan la mejor ruta para todos los datos que reciben desde otro rauter o desde la última estación de LAN.

Convierten los paquetes de información de la red de área local, en paquetes capaces de ser enviados mediante redes de área extensa. Durante el envío, el rauter examina el paquete buscando la dirección de destino y consultando su propia tabla de direcciones, la cual mantiene actualizada intercambiando direcciones con los demás rauters para establecer rutas de enlace a través de las redes que los interconectan. Este intercambio de información entre rauters se realiza mediante protocolos de gestión propietarios.

Clasificación de los Routers:

1.Por su direccionamiento, routing: Estáticos: La actualización de las tablas es manual. Dinámicos: La actualización de las tablas las realiza el propio rauter automáticamente.

Dinámicos Protocolos de Interior (IGP): Protocolo de enrutamiento de información, RIP (Routing Information Protocol). Permite comunicar diferentes sistemas que pertenezcan a la misma red lógica. Tienen tablas de encaminamiento dinámicas y se intercambian información según la necesitan. Las tablas contienen por dónde ir hacia los diferentes destinos y el número de saltos que se tienen que realizar. Esta técnica permite 14 saltos como máximo.

Protocolo del Camino Más Corto Abierto, OSPF (Open Shortest Path First Routing). Está diseñado para minimizar el tráfico de direccionamiento, permitiendo una total autentificación de los mensajes que se envían. Cada rauter tiene una copia de la topología de la red y todas las copias son idénticas. Cada rauter distribuye la información a su rauter adyacente. Cada equipo construye un árbol de direccionamiento independientemente.

Dinámicos Protocolos de Exterior (EGP): Exterior Gateway Protocol (EGP) Este protocolo permite conectar dos sistemas autónomos que intercambien mensajes de actualización. Se realiza un sondeo entre los diferentes rauters para encontrar el destino solicitado. Este protocolo sólo se utiliza para establecer un camino origen-destino; no funciona como el RIP determinando el número de saltos.

2. Por los protocolos que soportan, Routed:

-IPX

-IP

-AppleTalk

IPV-6, 128 bits. Permite definir Clases de Servicios. Incorpora encriptación como estándar aunque seguridad sigue siendo un problema. RFC de Compatibilidad con IP versión 4 para fácil migración.

Internet Protocol (IP) es el protocolo no orientado a conexión. La versión 4 tiene   32 bits. Tiene dos limitaciones debido a que este se desarrolló pensando como un sistema abierto y para un uso específico. La primera es que no es seguro y la segunda no es escalable.

Para comprender el funcionamiento de IP versión 4 analizaremos la jerarquía de clases. Esta fue diseñada en semejanza a la dirección del correo; en una carta hay dos elementos para definir la dirección: Primero la calle y segundo el número de la casa.

IP versión 4 tiene dos componentes, la red en el lado izquierdo y el host (anfitrión) a la derecha.

Es importante memorizar estos elementos para futuro referencia en ese sentido numeraremos los pasos.

Paso 1: La clase A tiene 8 bit para redes y 24 para host. La clase B tiene 16 bit para redes y 16 para host. La clase C tiene 24 bit para redes y 8 para host.

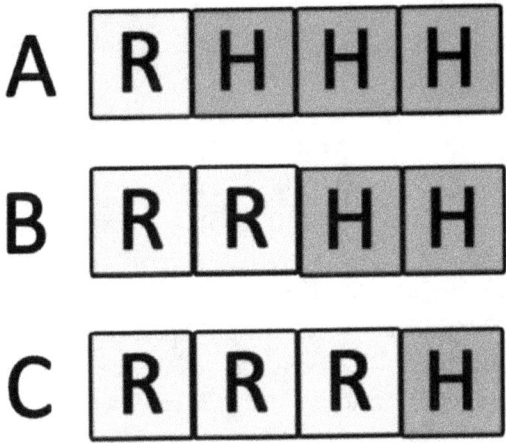

Gráfica 24: Jerarquía de Clases

Paso 2:   la dirección IP se representa en el sistema decimal. Si representáramos los bloques   de la siguiente manera:

$$X.X.X.X$$

Una dirección IP estaría representada por X en un cualquier número entre 0-255:

$$2^8 = 256 \quad \leq X \geq 255$$

Elevando 2 (0,1 sistema binario) a la 8 (Números de bit) obtenemos 256 combinaciones.
Ejemplo de una dirección IP: 10.200.30.64.

Paso 3. La X de la izquierda   es el valor más significativo y es el que define la clase. Para conocer la clase A sólo necesito un bit, para la B dos y para la C tres, por lo tanto:

$$A = 0 \quad (-1)$$
$$B = 10 \quad (-2)$$
$$C = 110 \quad (-3)$$

Paso 4: Se toman sólo los primeros 4 bit, tendríamos 16 combinaciones que nos permiten ver el comportamiento de todas las clases tomando en cuenta que en el principio completamos en 0 y el final en 1 para cada clase.

Paso 5. Total de redes y host para cada Clase:

Clase Ar = $2^{8-1=7}$ => X-2 = 126   (Recordar Paso3)

Clase Ah= 2^{24} => X-2 = 16,777,214 (16M)

Clase Br= $2^{16-2=14}$ => X-2 =16,382 (Paso3) 16K

Clase Bh= 2^{16} => X-2 =65,534 (65K)

Clase Cr= $2^{24-3=21}$ => X-2 = 2,097,150 (Paso3) 2M

Clase Ch= 2^{8} => X-2 = 254

Resumen del siguiente cuadro:

A= 1-126   B=128-191   C=192-223.

Clase	128	64	32	16	8	4	2	1	Valor Decimal	Tabla convierte de bin a decimal
	0	0	0	0	0	0	0	0	0	Reservado, base
	0	0	0	1						Todas las clases.
	0	0	1	0						
A	0	0	1	1						Clase A =1-126
	0	1	0	0						
	0	1	0	1						
	0	1	1	0						
	0	1	1	1	1	1	1	1	127	Reservado, Broadcast
	1	0	0	0	0	0	0	0	128	
B	1	0	0	1						
	1	0	1	0						Clase B =128-191
	1	0	1	1	1	1	1	1	191	
C	1	1	0	0	0	0	0	0	192	
	1	1	0	1	1	1	1	1	223	Clase C=192-223
D	1	1	1	0						
E	1	1	1	1						
D Multicast	1	1	1	0	0	0	0	0	224	
	1	1	1	0	1	1	1	1	239	
Experimentos	1	1	1	1	0	0	0	0	240	
	1	1	1	1	1	1	1	1	255	

Gráfica 25. Jerarquía de Clases

De este universo de direcciones existen redes privadas para uso particulares que no pueden ser publicadas en Internet:

Desde 10.0.0.0 Hasta 10.255.255.255

Desde 172.16.0.0 hasta 172.31.255.255

Desde 192.168.0.0 Hasta 192.168.255.255

Mascara de subred (subneting). El subneting se usa para darle escalabilidad a IP versión 4. Es un método que separa las redes de los host. Se representa en decimal ejemplo: 255.0.0.0 y en binario 8 teniendo las dos connotaciones el mismo significado 8 bit para redes y 24 para host.

Caso 1: Mascara predeterminada (Default). No hay diferencia entre el concepto de jerarquía de clase y el valor resultante que define la máscara.

10.1.2.3 / 8 = 10.1.2.3 255.0.0.0.

(Clase A 8 bit red, 24 bit Host) Redes=126 Host=16 Mill.

172.16.2.3 / 16 = 172.16.2.3 255.255.0.0.

(Clase B 16 bit red, 16 bit Host)

192.168.2.3 / 24= 192.168.2.3 255.255.255.0

(Clase C 24 bit red, 8 bit Host)

Caso 2: Súper redes. La máscara afecta la IP original aumentando los Host y disminuyendo las redes.

10.1.2.3 / 7 = 10.1.2.3 254.0.0.0. (Clase A 7 bit red, 25 bit Host) Redes=62 {[(126+2)/2]-2} Host=32

M. Como es un Bit de diferencia disminuye mitad y aumenta el doble.

Caso 3: Sub redes. La máscara afecta la IP original aumentando las Redes y disminuyendo los Host.

10.1.2.3 / 9 = 10.1.2.3 255.128.0.0. +(Clase A 9 bit red, 23 bit Host) Redes=254 {[(126+2)x2]-2} H=8 M

Como es un Bit de diferencia aumenta el doble y disminuye la mitad. Este último caso es el más usado en la industria por lo que analizaremos todas la posibles subredes de una clase

C= 192.168.1.2 /24.

De la este ejemplo anterior C solo se pueden tomar 6 bit de host para hacer subneting, en caso de ser clase B=14 y A=22.

Vamos a analizar la subred número 3, ver siguiente cuadro. Calculamos los saltos hay dos formas para esto:

Primero se determina el número de saltos:

256-224(mascara en decimal)=32   es el número de saltos

#	Mascara	Prefijo	Sub-Red	Hosts
1	255.255.255.0	24	1	28=256-2=254
	255.255.255.128	25	0	27=128-2=126
2	255.255.255.192	26	2	26=64-2=62
3	255.255.255.224	27	6	25=32-2=30
4	255.255.255.240	28	14	24=16-2=14
5	255.255.255.248	29	30	23=8-2=6
6	255.255.255.252	30	62	22=4-2=2
	255.255.255.254	31	126	21=2-2=0

Segundo: 128 64 32 16 8   4   2 1 = Tabla conversión

   1 1 1 1 0 0   0 0 = 224

El último bit prendido es el número de saltos. Las redes son: 0, 32, 64, 96, 128, 160, 192 y 224 (8-2=6)

La primera red usable es 32.

Base=192.168.1.32/27

Broadcast=192.168.1.63/27 Es la última del salto o el

   Próximo-1 (64-1)

Rango 1   192.168.1.33/27 Base+1 (32+1)

Rango 2   192.168.1.62/27 Broadcast-1 (63-1)

La última red usable es 192.

Base   192.168.1.192/27

Broadcast   192.168.1.223/27

Rango 1   192.168.1.193/27

Rango 2   192.168.1.222/27

Ejercicio: Extraer todas las subredes de los seis casos posibles, Recuerde que el método consiste en buscar los saltos y luego La Base el Broadcast y el Rango. Cuando domine este método todavía no estará preparado para analizar una IP satisfactoriamente existen alrededor de 6 técnicas posibles pero no es necesario conocerlas todas. Conociendo los saltos expuestos anteriormente y combinándola con AND que será explicada más adelante tendremos la combinación ideal para poder analizar cualquier IP satisfactoriamente y sin titubeos. Antes de combinarlas debe hacer ejercicios de los dos mecanismos separadamente.

Método AND. La máscara multiplica la IP y el valor resultante es la súper red o subred deseada. La AND solo es 1 cuando los dos BIT son 1 las otras multiplicaciones son cero 1x1=1, 0x0=0, 1x0=0, 0x1=0.

{1} 10.33.62.4 / 10

{2} X1.X2.X3.X4.

{3} 11111111.11000000.0...=10 =255.192.0.0

{4}   128 64 32 16 8 4 2 1 (X2)

{5}   0   0   1   0   0 0 0 1 X2= 33

{6}   1   1   0   0   0 0 0 192

{7} B 0   0   0 0 0   0 0 0 .0.0 =10.0.0.0

{8} BT 0001111. 11111111.11111111=10.63.255.255

{9}R1 00000000. 00000000.00000001=10.0.0.1

{10} R2 0001111. 11111111.11111110=10.63.255.

Entre el 64 y el 32 debe colocar una raya vertical, donde la máscara separa la redes de los host. Del lado izquierdo de la raya los valores quedan igual después de la multiplicación. Del lado derecho aplique la siguiente regla:

Base: Todos los bit después de la raya deben ser 0.

Broadcast: Todos los bit después de la raya deben ser 1.

Primera IP del rango: Base + 1=R1

Ultima IP del rango: Broadcast – 1=R2

Ejercicio: Tomando el ejemplo de la AND como patrón haciendo los 10 pasos en el mismo orden aunque cada caso será diferentes la misma IP con las siguientes mascaras /11, 5, 14, 18.

Complemento de la máscara (Wild Card Mask). Esta es usada generalmente para crear listas de acceso y configuración de protocolos dinámicos.

255.255.255.255   Universo

-255.255.255.248   Mascara de Subred

0 . 0. 0. 7   Complemento (Wild Card Mask).

De acuerdo a lo aprendido anteriormente, este complemento afecta ocho redes del 0-7.

El Wild Card Mask afecta la IP con el resultado de la suma OR lógica. La seguridad en internet tiene como objetivo mitigar el acceso no autorizado. Básicamente hay que configurar listas de acceso una vez estén definidas las políticas de seguridad. El manejo de la OR lógica tiene un nivel de complejidad alto por lo que analizaremos 7 casos a manera de ejemplos, que nos permiten obtener un resultado satisfactorio y exacto de todo el universo de cualquier lista de acceso (ACL).

Caso 1: Cuando el Wild card mask=1, Para una ip impar el resultado es el número -1. Una IP par o 0 es aceptada y el resultado es el numero par + 1.

Acces-list 80 permit   IP   Wild Card Mask= Resultado

Acces-list 80 permit 10.1.1.1   0.0.0.1= 10.1.1.0 y 1

Acces-list 80 permit 10.1.1.2   0.0.0.1= 10.1.1.2 y 3

Acces-list 80 permit 10.1.1.9   0.0.0.1= 10.1.1.8 y 9

Acces-list 80 permit 10.1.1.8   0.0.0.1= 10.1.1.8 y 9

Caso 2: Cuando el WC es en orden de derecha a Izquierda excepto el uno.

3=0000001,   7=00000111,   15=00001111, 31=00011111,   63=00111111,   127=01111111, 255=11111111.

Acces-list 80 permit 10.1.1.1   0.0.0.7= 10.1.1.0-7
Acces-list 80 permit 10.1.1.20 0.0.0.7= 10.1.1.16-23
Acces-list 80 permit 10.1.1.20 0.0.0.15= 10.1.1.16-31
Acces-list 80 permit 10.1.1.20 0.0.0.255= 10.1.1.any (0-255)   Acces-list   80   permit   0.0.0.0 255.255.255.255= any

Caso 3: Cuando el Wild card mask=0 o cualquier par, excepto 254 el resultado es la IP original.

Acces-list 80 permit 10.1.1.1   0.0.2.2= 10.1.1.1

Acces-list 80 permit   255.255.255.255   0.0.0.0 =255.255.255.255

Caso 4: Cuando el Wild card mask=254.

Acces-list 80 permit   10.1.1.1   0.0.2.254= 10.1.1.impares

Acces-list 80 permit 10.1.1..0 0.0.0.254 =10.1.1.pares

Caso 5: Cuando se toman cuenta el orden en que aparecen las instrucciones en la lista, En este caso hace lo primero.

Acces-list 80 permit 10.1.1.1 0.0.0.0= 10.1.1.1 Ejecuta esta línea

Acces-list 80 Deny   10.1.1.1 0.0.0.0= 10.1.1.1 Ignora esta línea

Caso 6: Existe un Deny implícito al final de cada lista. Aunque la intención es negar la ip 10.1.1.1 está negando a todos.

Acces-list 80 Deny   10.1.1.1 0.0.0.0= 10.1.1.1

Acces-list 80 Deny ALL (Esta línea es invisible en todas las ACL).

Caso 7: Cuando el Wild Card es un numero cualquiera que no está indicado anteriormente es porque no tiene importancia en particular para realizar una lista que defina un nivel de seguridad interesante.

Ping. Echo Request y Echo Replay.
Mide la conectividad y latencia. Calidad de la línea.
Tracet: Muestra condición de los enlaces.

Ping. Es una prueba que el origen determina si el destino se pudo alcanzar. Crea y gestiona un mensaje de tiempo en el caso de que expire el tiempo de vida del mensaje. También determina si la cabecera de IP es errónea. Permite medir la velocidad de respuesta de distintos servidores del País o del mundo. Es muy útil para detectar si hay un cuello de botella. Mide el tiempo total desde nuestra PC hacia un Servidor. Echo Req / Echo Reply Prueba que el destino esté activo. Prueba que la red esté funcionando correctamente. Lo más importante podemos saber si hay latencia en una red, una respuesta aceptable es entre 0 y 60 milisegundos.

Tracert: Es una manera más profesional de realizar las mediciones. Puede hacerlo, con una mecánica similar a la que se indicó con Ping, simplemente sustituyendo la palabra Ping por la palabra Tracert. La medición Tracert detallará los tiempos de cada tramo de los distintos enlaces hasta llegar al servidor seleccionado.

6. NIVEL DE TRANSPORTE

Capa de Transporte: Esta capa es responsable de la integridad de la data. Su tarea es hacer que el transporte de datos se realice en forma económica y segura, entre el destino y el origen, no dependiendo esto de la cantidad de redes físicas que se encuentren en uso. Para lograr esto la capa de transporte utiliza todos los servicios que brinda la Capa de Red. Tiene dos protocolos básicos: Protocolo de control de transmisión, TCP (Transmisión control protocol) y Protocolo de uso de data grama, UDP (Use data gran protocol). El TCP es un protocolo orientado a conexión, es decir usa ACK y UDP no orientado a conexión.

Para definir el flujo de datos (data flow) de la capa de trasporte es necesario conocer los siguientes términos:

Ventana (Windowing): Es la cantidad de data que se puede enviar antes de recibir un reconocimiento

(Acknolagement=ACK). Define el tamaño del segmento.

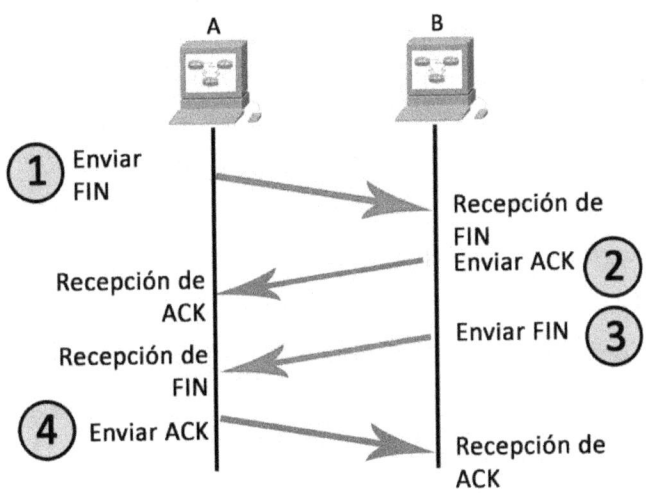

Gráfica 26: Retroalimentación (ACK)

Si la ventana es muy pequeña la data tendría un mal desempeño y si es muy grande tendría muchos errores. Lo ideal sería una ventana de tamaño 3 que es el valor predeterminado.

Capacidad de los equipos (Buffering): Este concepto depende de prestaciones fundamentales para el uso del unidad de procesamiento central (CPU) que realiza las operaciones aritméticas. Los programas realizan tareas automáticas por ejemplo los sistemas operativos tienen tres estados básicos: Listo, bloqueado y en ejecución, esto quiere decir que podemos interrumpir en un momento determinado al CPU. Gracias a esta característica le podemos sacar más provecho al CPU a través de las prestaciones.

Clasificación de las prestaciones:

Almacenamiento temporal en disco (Spooling)
Almacenamiento temporal en memoria (Buffering).
Almacenamiento en cinta magnética (Line off).

El Line off es la que más usa al CPU, frecuentemente las empresas la usan para hacer respaldo (backup) de las transacciones diarias. Los respaldo en cintas magnéticas se hace de noche dado que la cinta interrumpe CPU continuamente. Durante el día, si se le une el trabajo diario, haría que el procesamiento fuera muy lento, a menos que se use un servidor independiente para esos fines.

Congestión (Congestion): Se puede definir como el

cuello de botella producido cuando las redes no pueden soportar el tráfico que cursa a través de ellas. La latencia juega un papel muy importante en el medio y es más significativo en las redes Wan. El flujo de datos en el nivel de trasporte depende de la relación entre el windowing, bufferinf y congestion. Analizaremos los siguientes casos: La B son equipos terminales con mucho Buffering, la b con poco.

Caso1: Buenos equipos terminales, buen ancho de banda. Esto soportaría Windowing de tamaño grande, sería ideal.

B   B

Gráfica 27. Buen ancho de Banda

Caso 2: Buenos equipos terminales, poco ancho de banda no soportaría Windowing de tamaño grande, esta compañía debería invertir más en ancho de banda.

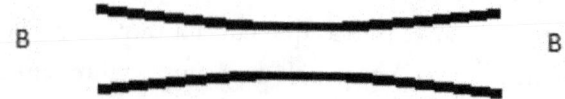

Gráfica 28. Congestión

Caso 3: Equipos terminales lentos, poco ancho de banda esto soportaría Windowing de tamaño pequeño, sería ideal.

Gráfica 29. Ancho de banda aceptable

Caso 4: Equipos terminales lentos, mucho ancho de banda esto soportaría Windowing de tamaño pequeño, esta compañía debería reducir los gastos en ancho de banda.

b   b

30. Desperdicio de ancho de banda

Caso 5: Equipos terminales diferentes, buen ancho de banda esto soportaría Windowing de tamaño pequeño, hay que tener cuidado del lado derecho. Si la b pequeña recibe windowing grande, Rx tendría problemas de overrun (incapacidad buffer de poder recibir). Si la b pequeña quisiera transmitir windowing grande, Tx tendría problemas de underrun (incapacidad buffer de poder transmitir).

B   b

Gráfica 31. Over Run/Under run

7. INTEROPERABILIDAD

Interoperabilidad. Niveles 5, 6 y 7. Comparación TCP/IP con el modelo OSI. TCP/IP: es un protocolo que engloba una familia de protocolos de comunicación (más de 100), que determinan las reglas para enviar y recibir datos a través de las redes. Esta comparación nos dará una visión general del funcionamiento del protocolo más usado a nivel mundial TCP/IP. El nivel 1 y 2 de OSI es la capa uno de TCP/IP y los niveles 5, 6 y 7 son el 4 de TCP/IP.

Como se puede observar en la siguiente la gráfica siguiente TCP/IP maneja protocolos orientados y no a la conexión lo que le permite ser un protocolo de mucha versatilidad.

A continuación definimos algunos protocolos de Nivel 7 según OSI y 4 Según TCP/IP Ambos se llaman protocolos de aplicaron:

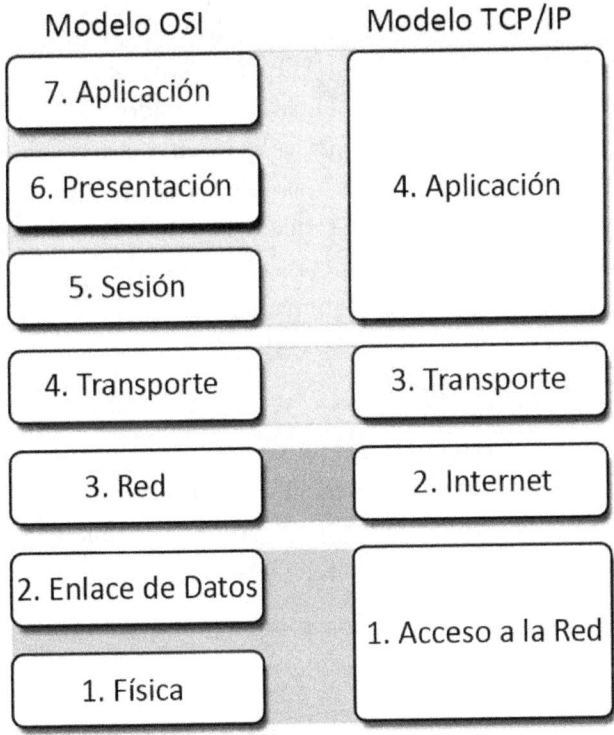

Gráfica 32: Las Semejanzas Claves entre la capa
de red y de Transporte

HTTP, Protocolo de transmisión de Hipertexto
(Hypertext Transfer Protocol). Es el grupo de reglas, o
protocolos, que gobiernan la transferencia de
Hipertexto entre dos o más computadores. El World
Wide Web engloba el universo de información que
está disponible vía HTTP.

El Hipertexto es una forma especial de codificar usando un sistema estandarizado llamado Lenguaje de marcado de Hipertexto, HTML (Hypertext Markup Language). El código HTML es usado para crear enlaces (links). Estos enlaces pueden ser textuales o gráficos y se efectúan por simple toque del botón del "ratón", con este simple toque todos los otros recursos del tipo HTML, tales como documentos, gráficos, archivos de texto, animación y sonido están disponibles.

Telnet. Acceso Remoto. Es un protocolo, o conjunto de reglas, que le permite a una computadora conectarse con otra. A este proceso también se lo conoce como login remoto:

1. Conecta con una computadora "remota"

2. Protocolos

3. Emulación de Terminal

4. Basado en Cliente/Servidor

5. Acceso a los recursos de otras maquinas

La computadora del usuario, la cual inicia la conexión, se la conoce como computadora local, y la computadora con la que se está conectando, la cual acepta la conexión, es la computadora remota, o host. La computadora remota puede estar físicamente alojada en el cuarto de al lado, en otra ciudad, o en otro país. Una vez conectado, la computadora del usuario emula a la computadora remota. Cuando el usuario escribe comandos en el teclado, estos son ejecutados en la computadora remota. El monitor del usuario muestra lo que está sucediendo en la computadora remota durante la sesión de telnet. El procedimiento para conectarse con una computadora remota dependerá en cómo está configurado su acceso a Internet. Una vez que la conexión con la computadora remota ha sido establecida, instrucciones o menús pueden aparecer. Algunas máquinas remotas requieren que el usuario tenga una cuenta en esa máquina, y lo cuestionara por un nombre de usuario y una contraseña.

Cualesquier recursos, como bibliotecas de catálogos, están disponibles vía telnet sin nombre de usuario ni clave.

Telnet opera bajo el principio de cliente/servidor. La computadora local usa un programa cliente de telnet para establecer la conexión y muestra los datos en el monitor de la computadora local. La computadora remota, o host utiliza un programa servidor de telnet para aceptar la conexión y enviar respuestas a los pedidos de información de regreso a la computadora local.

El Telnet le permite a los usuarios acceder a recursos de Internet en otras computadoras alrededor el mundo. Una variedad de recursos están disponibles a través de telnet. En resumen, Telnet es el protocolo que permite que una computadora establezca una conexión con otra computadora.

Aunque algunas computadoras quizás requieran de un nombre de cuenta y de una contraseña, muchas computadoras permiten que los usuarios accedan a los recursos almacenados en ellos sin un nombre de cuenta ni contraseña. Telnet provee de acceso a muchos recursos alrededor del mundo como bibliotecas de catálogos, base de datos, y a otras herramientas de Internet y aplicaciones FTP, Protocolo de Transferencia de Archivos, FTP (File Transfer Protocol) orientado a conexion. Es la tecnología que le permite a usted conectarse con su a través de la Internet para actualizar y mantener su sitio Web, por ejemplo. Usa ACK.

TFTP, Protocolo Trivial de Transferencia de Archivos, TFTP (trivial file transfer protocol) este es un protocolo no orientado conexión. Una de las posibilidades de Internet, es el poder copiar y grabar archivos de un ordenador a otro mediante el módem.

SMTP, Protocolo Simple para Envió de Correos, SMTP (Simple Mail Transfer Protocol). Es el protocolo utilizado para enviar correo. El mismo también se ocupa en el servidor de recibirlo y derivarlo a la casilla correspondiente.

DNS, Servidor Nombre de Dominio, DNS (Domain Name Server) Es un nombre de texto añadido al nombre del servidor para formar un único nombre de máquina para Internet. Cada computadora conectada a Internet tiene (al menos) un número de identificación asociado: su número IP. En todo Internet no se repite un número en diferentes computadoras.

Cada computadora tiene (generalmente) un nombre. Grupos de computadoras están organizados en dominios lo que permite que diferentes computadora tengan el mismo nombre, siempre y cuando se encuentran en diferentes dominios.

Es responsabilidad de la administración de un dominio proveer este servicio de resolución de nombres para las computadoras conectados. Esto involucra dos tareas: instalación de servidores de nombres y actualización constante de los registros de nombres en el dominio administrado.

Una buena administración del DNS puede hacer más fiable y eficiente el funcionamiento del dominio. Muchas veces esto también involucra tareas de configuración de las computadoras clientes del dominio.

SNMP, Protocolo simple administración de red (Simple Network Management Protocol). Diseñado en los años 80, su principal objetivo fue el integrar la gestión de diferentes tipos de redes mediante un diseño sencillo y que produjera poca sobrecarga en la red. SNMP opera en el nivel de aplicación, utilizando el protocolo de transporte UDP (No orientado a conexión), por lo que ignora los aspectos específicos del hardware sobre el que funciona. La gestión se lleva a cabo al nivel de IP, por lo que se pueden controlar dispositivos que estén conectados en cualquier red accesible desde la Internet, y no únicamente aquellos localizados en la propia red local. Evidentemente, si alguno de los dispositivos de encaminamiento con el dispositivo remoto a controlar no funciona correctamente, no será posible su monitorización ni reconfiguración.

El protocolo SNMP está compuesto por dos elementos: el agente (agent), y el gestor (manager). Es una arquitectura cliente-servidor, en la cual el agente desempeña el papel de servidor y el gestor hace el de cliente.

El agente es un programa que ha de ejecutase en cada nodo de red que se desea gestionar o monitorizar. Ofrece un interfaz de todos los elementos que se pueden configurar. Estos elementos se almacenan en unas estructuras de datos llamadas Base de información administrada, MIB (Management Information Base). Representa la parte del servidor, en la medida que tiene la información que se desea gestionar y espera comandos por parte del cliente.

www.ingramcontent.com/pod-product-compliance
Lightning Source LLC
Chambersburg PA
CBHW071231170526
45165CB00003B/1071

* 9 7 8 1 4 6 6 2 8 8 0 5 8 *